子どもに伝えたい
和の技術
8

きづくり
木づくり

FORESTRY

著　和の技術を知る会

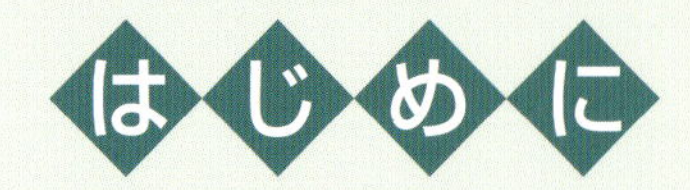

日本のくらしをささえる「木づくり」の技

山が多く、南北に長い地形の日本列島では、さまざまな種類の木が生え、森林がつくられ、人々はもとより、動物たちの命を育んできました。くらしが安定して人口が増えると、木を使う量が増え、大量の材木が必要になりました。木を切るばかりではどんどん資源が減ってしまうため、同時に、木を植えて森を保護・管理する、「林業」が生まれます。もっとも古い記録では、およそ1500年前、奈良県の吉野地域で人工林がつくられたといいます。その技術は日本各地へ伝わり、森をたいせつに守りながら、木を活用する日本のくらしをささえてきたのです。

昭和時代になると、プラスチック製品や科学技術の進歩による新素材の普及や、外国からの価格の安い木の輸入などにより、日本の木の利用が減ってしまいました。しかし今、日本が歴史の中で受けついできた「木づくり」の技が見直されています。良質な木を育て、それを生かしてつくるさまざまな木の製品は、人や自然にやさしく、じょうぶで使いやすいと、日本だけでなく世界中からも注目を浴びています。

この本では、木を守り育てる技、木を活用する技など、進化しながら受けつがれてきた、日本の「木づくり」の世界を紹介しています。知れば知るほど、日本文化の奥深さを感じ、「木づくり」のすばらしさがわかるはずです。

もくじ

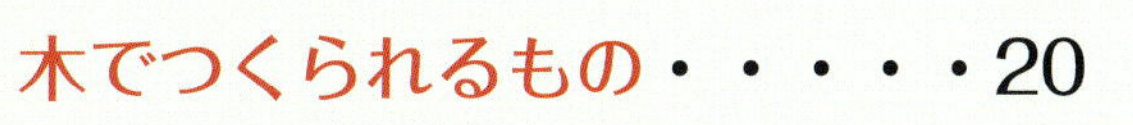

木の世界へようこそ

森林づくりと自然とくらし

木は材木として使われるだけでなく、日本の美しい自然を守り、くらしを豊かにしてくれる存在です。木が集まった森林と、自然、くらしの関係について見てみましょう。

●森林は天然のダム

ダムは、川の水をせき止めて流れる水量を調整し、川の氾濫を防ぐ役割をもっています。森林にも同じ役割があります。木々が生い茂る山で適度に水分が保たれることによって、川に水が流れすぎてしまうのを防いでいるのです。木々がない荒れた山は水が地面の上を流れて、山崩れの危険が増します。

●命の循環を守る森林

微生物や虫は落ち葉などを食べて分解することで木々を助け、そうした虫を食べる生き物は森林をすみかとし、その生き物のフンや死がいは木々の栄養となります。このような命の循環は、森林のたいせつな役割であり、豊かな自然のあらわれといえるでしょう。

●養分のある水となって川を豊かに

森がつくる豊かな土に浸透した雨水は養分をふくみ、湧き水となり川へそそぎます。きれいで栄養豊富な川の水は魚や藻を育てるとともに、人々の飲み水や生活用水となり、海へと流れます。そして水蒸気となり、再び山に雨を降らせるのです。

●川の石はけずられ、砂浜に

川の上流の大きな石は川の流れとともに少しずつけずられ丸くなり、いずれ砂となり海辺へ積もっていきます。これが砂浜の一部となり、砂浜をすみかとする生き物を育みます。

雨や雪は山に多く降り、水源になる

高い山は風とともに空気中の水蒸気を止めて雲をつくりやすくします。そのため山には平地より多くの雨や雪が降ります。山に降った雨雪は大地の水源となり、動植物を育みます。

山を活用し、山を守るくらし

木々が生えすぎては土の栄養が不足して枯れる原因になります。草食動物が増えすぎると植物のうばいあいとなり、新芽が食い荒され、若い植物が育たなくなってしまいます。山でくらす人々は、木や植物、動物など山のめぐみを活用しながら、山や森林を維持するために管理や調整をしているのです。

ほかにもある森林の役割

ここで紹介したのは一部です。光合成により酸素をつくったり、観光資源になったり、信仰の対象になったり、森林はさまざまな役割をもっています。ほかにはどんな役割があるのか、調べてみるのもよいでしょう。

100年の木のひみつ

奈良県吉野の山守とよばれる人たちが育てた、約100年のスギの木を見てみましょう。実際に目にすると、その迫力に圧倒されます。

データ ※直径・周囲は地上から約1mの位置

植齢：約100年 → 山守が2～3世代にわたって育てます。吉野では150年、200年という木が育てられています。

※山に苗木を植えた年から数えます。樹齢は苗木になるまでの年齢をふくめた数です。

樹高：約37m → マンションで12～14階建てくらいの高さになります。

直径：約53cm → かくれんぼができるくらいの太さになっています。

周囲：約165cm → 大人の男性がギリギリだきかかえられるくらいです。

太いからできるいろいろな部材

天板

机や家具などに利用されます。以前はおもに天井板として使われていました。

はり・けた

柱と柱をつなぐ横木です。太く立派なものをあえて見えるようにした建物もあります。

たる材

赤身は水を通しにくく、白太は水を通しやすいのが特徴です（16ページ参照）。液体を入れるたるは、①の赤身だけの部分を用いるか、②のような内側は赤身で外側が白い部分を用います。②は見た目の美しさもあり、高級なたるになります。

柱

建物をささえる柱になります。中心部分が一番古く、比較的安定した素材です。

割りばしなど

さまざまな用途に切り取られたあとの残った端材は、割りばしや、エコ燃料などに活用されます。

床材

住宅のフローリング（板間）に使われる部分です。22ページの家の床にもスギ板が使われています。

屋根・壁

スギ皮は、日本家屋の屋根の下地や、装飾として屋根や壁などに使われます。

鴨居

和室の障子やふすまをはめる木わくのうち、上部の横木を鴨居とよびます。まっすぐな木目が美しいとされます。

吉野で

100年以上まっすぐなスギを育てる技

1 よい苗木を選ぶ

植林用の苗木を育てているところから、健康な苗木を仕入れることからはじまります。

2 密植・間伐→9ページ参照

若いうちはせまい間隔で苗木を植えつけてまっすぐ上に成長させ、木の成長とともに、細い木や曲がった木などを伐採する間伐をおこない、性質のよい木がまんべんなく太く育つように調整します。

3 撫育→8ページ参照

成長や季節に合わせた手入れをすることで、美しい材木になります。こうした吉野の林業を、人間の子どもを撫でいつくしむように育てることとつなげて「撫育」と表現しています。②の密植・間伐もふくみます。

4 伐採→10～11ページ参照

間伐も伐採のひとつではありますが、森林の状態や用途に応じて高樹齢の木を伐採します。ひとつの区域全体を伐採することを皆伐といいます。その後、植林をすることになります。

5 運ぶ→15ページ参照

伐採した木は、既定の長さや用途に合わせて切り分け、山すその保管場所へ運びます。ヘリコプターやワイヤーとロープ架線などで運びます。

6 製材→12～13ページ参照

伐採された木は製材所へ運ばれ、用途に合わせて切り分けられます。

山守とは

奈良県の吉野地域では、山林の所有者のかわりに、山守が山を保護・管理しています。山守は山林の所有者と契約し、撫育の作業員（山行）をやとい、植林から伐採までをおこなう、山のスペシャリストです。

780年ほどの歴史をもつ吉野の

木をつくる技を見てみよう

撫育と密植・間伐のスゴ技

質のよい木をつくるには人が2〜3世代以上にわたり、管理する必要があります。ここでは吉野の「山守」とよばれる人たちが受けついできた、良質のスギを育てる技を紹介します。

手入れのいきとどいたスギ林は、1本1本がまっすぐ空に向かってのび、木と木の間がほどよくあいています。

ていねいに育てる

撫育

山では木を植えた時期ごとにブロック分けされています。その複数のブロックの木を山守たちが見て、季節や成長の度合いに合わせてていねいに世話をすることを、撫育といいます。

下刈り

苗木にいく養分を吸い取ったり、日光をさえぎったりする雑草を刈る作業です。植えて1〜3年目は年2回、4〜6年目は年1回刈ります。

※それ以降は密植（9ページ参照）により、雑草が生えにくくなります。

枝打ち

上部の日光を受ける枝葉が整った後の植えて7〜12年目の間に2回、または必要に応じて、材木となる下の部分の枝を切り落とします。そうすることで、枝節のない、まっすぐきれいな木に育ちます。

木起こし

雪などにより、押したおされた木をロープなどを使って起こす作業です。植えて1〜7年目の間に、必要に応じておこないます。

ゆっくり まっすぐ育てる

密植・間伐

吉野のスギは100年、200年と長い期間育てる「長伐期」という方法で育てることと、年輪が細かく均一なのが特徴です。そのためにおこなうのが密植と間伐です。それぞれの方法と理由を見ていきます。

●密植ってどんなこと？

木を植えて10～15年のスギ林の様子。

木と木の間をせまくして植えることをいいます。吉野のスギの密植では1ヘクタールあたり約9000本を植えますが、成林とされる40年目までに間伐などをくり返して約1350本に、さらに100年目には約670本ほどにしますから、はじめに植える数がいかに多いのかがわかります。

地面は暗く、雑草が育ちません。

密植の効果

下記のように木の成長のしくみを利用して、密植による効果を生かして、質のよい木を育てているのです。

太陽を求め上へのびる

木の間隔が近いと、枝が横にのばせず、太陽光を求めてたがいに競争しながらまっすぐ上にのびようとします。

▼

太さはゆっくり成長
（細かい年輪）

成長が縦に向かうことで木の太さはゆっくり成長するため、細かい年輪になります。

▼

下草が育たない

木の上部の枝葉が混み合って地面は日陰になり下草（雑草）が育ちにくくなります。

▼

不要な枝が落ちる

太陽光がとどかない不要な枝が自然に枯れ、下に落ちます。

ある程度、木が成長すれば間伐へ

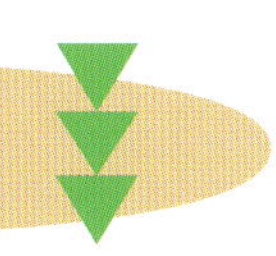

●間伐ってどんなこと？

木を植えて20年目ころから、より長く育てる木を選び、キズや曲がりのある木、細い木などを切りたおすことを間伐といいます。木がもっと成長するよう、地面に太陽光が少しさしこむくらい伐採し、風通しをよくします。

間伐前

間伐後

間伐の効果

1 健康な木をより長く良質に育てられる

間伐するごとに健康な木が残り、良質な木だけを100年以上育てることができます。

2 山が荒れるのを防ぐ

密植のまま育てると、それぞれの木が土の栄養分や太陽光をうばいあい、成長がおくれた木は枯れてしまうことがあるので、間伐はたいせつな作業です。

3 生物の多様性を育む

地面に光がとどくようになり、下草も生えてきて、シカなどの野生動物の寝床にもなります。動物のフンや死がいは、木々や虫の栄養にもなります。

4 間伐材を活用

材木として利用したり、エコ燃料にしたり、その木に応じた活用をします。

伐採のスゴ技

伐採はたいせつな木を守りながら、木を切りたおす、命がけの作業です。山守たちが長年受けついできた技を見てみましょう。

たおす方向を決める

木は山の斜面に植えてあり坂の上方向にたおすようにします。その理由はおもに２つあり、木をたおしたときの衝撃を軽くするためと、葉枯らし（右参照）のためです。さらにたおれたときにほかの木にあたらないように、枝ぶりを見て木の重さのバランスによるかたむきも考えます。

葉枯らし

伐採したその場でおこなう乾燥のことで、葉から自然に水分を蒸発させるために、なるべく自然に近い、根元が下になる状態で置いておきます。とくに100年以上の木でおこなう、よりよい色にしあげる、昔からの方法です。

●どの木の間にたおすか決める

木がたおれたとき、先端がどのくらいの位置までくるのか予測しながら、どの木の間を通すかを決めます。今後どの木を切っていくかということも想定しておく必要があります。たおす方向を決めたら、木をたおすときのガイドになるロープをかけます。

●受け口をつける

チェーンソーで切り、たおす方向に受け口をつけます。面はたおす方向と直角になるように調整。ヨキという道具をあてて垂直を確認します。

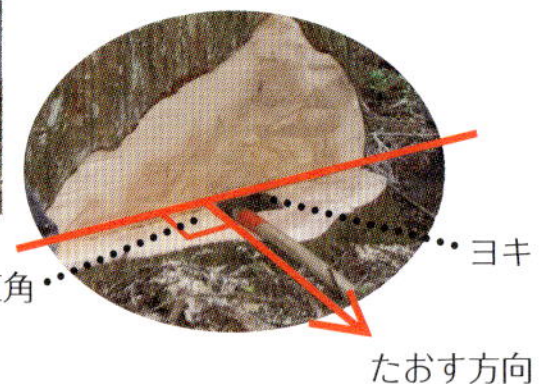

根元がたおれはじめる静かなメキメキという音から、幹が折れるバキバキッという音に変わりながらすごい迫力で40ｍほどの木がたおれます。

切りたおす

受け口が決まったら、いよいよ切りたおす作業です。切りこみを入れる人、クサビを入れる人、ロープを引く人それぞれの息のあった動きにより、安全に大木を切りたおすことができます。

●切りこみを入れる

受け口の裏側からチェーンソーで切りこみを入れていきます。水平に、左右均等に切りこみを入れます。

●クサビを入れる

切りこみにクサビをさし入れ、ヨキの背でたたいて打ちこみ、チェーンソーが木の重さで止まってしまうのを防ぎます。

●たおす

チェーンソーで木の断面の半分くらいまで切ったら、あとはクサビを打つだけです。たおれる方向にはロープを引く人がいます。たおれはじめたら、木の重力にまかせます。

100年以上の林の木を切ることができるのは、熟練の技をもつ人だけといいます。４人のチームワークが安全でスムーズな作業に結びつきます。

製材のスゴ技

切った木はそのまま葉が枯れるまで山で寝かしてから、市場や製材所へ運ばれます。実際に建物や道具として加工される前までの作業を見てみましょう。

切り出す

丸太から、20～23 ページのようにさまざまな使いみちに応じて切り出します。

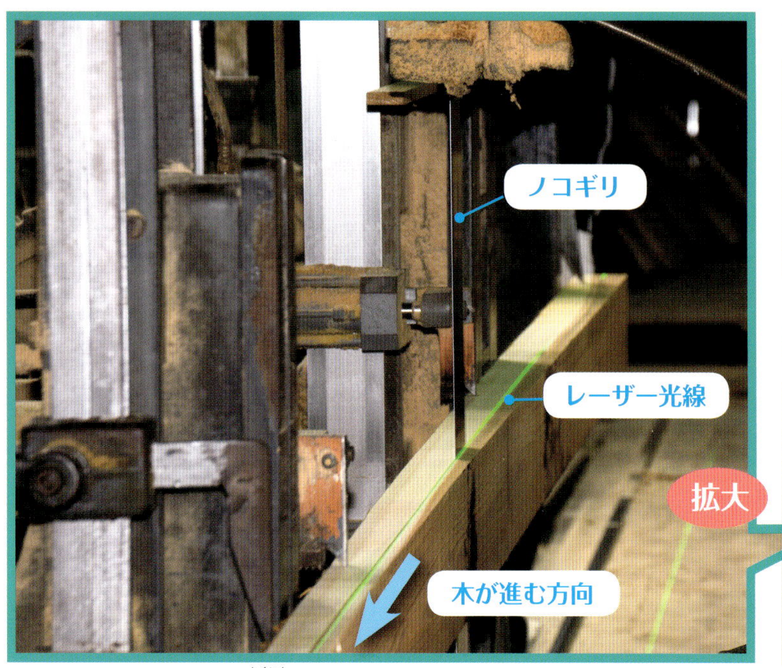

レーザー光線で切る位置を確認します。

切り方を決める

材木を見極める厳しい職人の目で、木目や色を見て切る厚さや部分を決めます。

製材機で切る

右側の機械はノコギリの歯を高速で動かします。木をとりつけた左側の機械は、下のレールに沿って奥から手前に移動し、ノコギリの歯で木材を切るしくみです。

切ったときに木が反るのは、反発する力（応力）が出た証拠で、あとで大きくゆがんでしまいます。そのため、写真のように反った場合は、切る方向を調整して切りなおします。

組み立て直前まで加工する場合

みぞづくり

薄い板にみぞをつけて床や壁にそのまま使えるように加工します。モルダーとよばれる、材木の四方をミリ単位で加工できる機械でおこないます。

カンナがけ

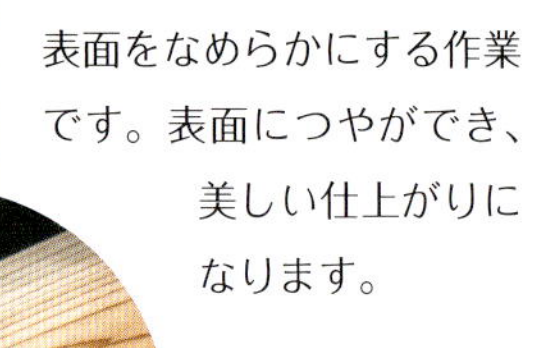

表面をなめらかにする作業です。表面につやができ、美しい仕上がりになります。

端材はエコ燃料に

製品にならない切れ端などは、エコ燃料として専門の業者にわたします。
（23 ページ参照）

乾燥

木は水分をふくんでいます。切り出した木はあつかいやすい水分の量（含水率 20％前後）になるまで乾燥させる必要があります。

自然に乾燥させる

切り出した木の間に空気が通るように重ね、ゆっくり乾燥させることで、色が変わらずきれいな仕上がりになります。夏は傷みやすいので、置き方を変えるなどの手入れが必要になります。

丸太の自然乾燥

熱で乾燥させる（人工乾燥）

専用の機械で乾燥させる方法もあります。製材した木の大きさによりますが、写真は 100 ～ 120 度の熱で 1 週間ほど乾燥させたものです。茶色に変色し、気密性の高い素材になり、建物の構造部分などの材料になります。

スギ皮の屋根がついた「ふれあい橋」
（愛媛県大洲市川辺ふるさと公園内）

質のよいスギは皮も活用
スギ皮の製材

枝の節がない吉野のスギ皮は、装飾として屋根や壁などに使われます。スギ皮の製材を見てみましょう。

山で皮をはがす

切りたおしたところで、スギ皮をはがし、基本の大きさに切り分けて運び出します。

製材所で樹皮の表面を加工する

皮の表面をけずり取ります。均等な厚さになるようにけずるのには、熟練の技が必要です。

出荷用に大きさをそろえる

何枚か重ねて大きさを合わせて切りそろえ、切り口を電動カンナでみがけばできあがりです。

道具の今昔

木を育てたり切ったり運んだりするときの方法や道具は、時代とともに変化してきました。今と昔の道具のちがいや、変わらない道具などの一部を紹介します。

チェーンソー
周囲についているノコギリの歯が高速回転することで木を切る機械です。木の太さにより道具の大きさを使い分けます。

成年男性の身長ほどの大きさも！

ロープ
木をたおすときに使います。伐採以外でも木起こし（8ページ参照）などいろいろに活用されます。

手動ウィンチ／ワイヤー
ワイヤーを巻き上げる機材を手動ウィンチといいます。木をたおすときにロープやワイヤーを引っぱるための道具です。

クサビ
プラスチック製で、木の切り口に入れてすき間をつくるために使います。吉野では「ヤ」ともよびます。

ヨキ
もっとも使い道が広い、小さなオノです。切りたおすときに受け口をつくったり、クサビを打ちこんだり、垂直を測ったりします。さらに枝を落とすなど、ふだんから山に入るときの必需品です。

クサビ
昔はカシなどのかたい木や鉄でつくられていました。

セセキ スギ皮をむくための道具です。

ノコギリ 今はチェーンソー１台をいろいろな目的に使いますが、昔はいろいろな形のノコギリを使い分けていました。下のノコギリは改良型で、節のあるかたい部分も切りやすいノコギリです。

ナワ ロープがない時代は稲わらなどを編んだナワを使っていました。

測る

長さ 丸太の基準の長さは左の写真のように棒で測ります。今も昔も変わらない道具です。

周囲 メジャーで測ります。金属製のものが主流です。

目盛りをつけたひもの先端におもりをつけ、周囲を測りやすくしています。おもりは昔のお金です。

今

ヘリコプター

切った木を数本、ワイヤーでつるして運びます。早く運べますが、費用が多くかかります。

空中にワイヤーをはり、自走式搬器という滑車（赤い機材）に木をぶら下げて運びます。一度設置すると、何度も少ない費用で運べます。

昔

いかだ流し

山の中に通路をつくって木を川まで下ろし、丸太をつなげていかだに組んで、船のように川に流して運びました。

いかだをこぐロ（櫓）とカイ（櫂）

いかだに仕立てた材木に乗り、ロやカイでこいで目的地まで運びました。

トビ

先が鳥のトビのくちばしのように見えることから名づけられた道具です。丸太にトビの先端を刺し、引っかけて移動させます。

ロ（櫓）

カイ（櫂）

木登り

枝を落としたりロープをかけたりするための木登りの道具は、今も昔も変わっていません。

カルコ

ロープに木の棒をつけたもので、木に巻きつけて足場にします。登ったら外し、さらに上に巻きつけるということをくり返して上に登ります。

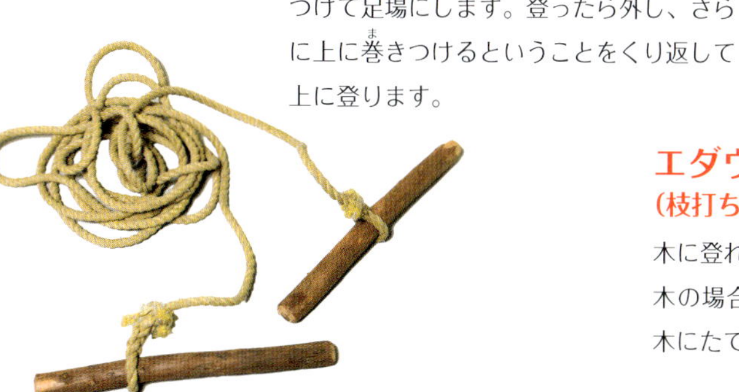

エダウチハシゴ（枝打ちはしご）

木に登れないくらいの細い木の場合に直に使います。木にたてかけて登ります。

木の性質と種類を知ろう

木の成長と年輪

木の年輪は、1年ごとの木の成長をあらわします。樹皮の内側の部分が太くなり、季節により成長のしかたがちがうため筋があらわれ年輪になります。

木の構造

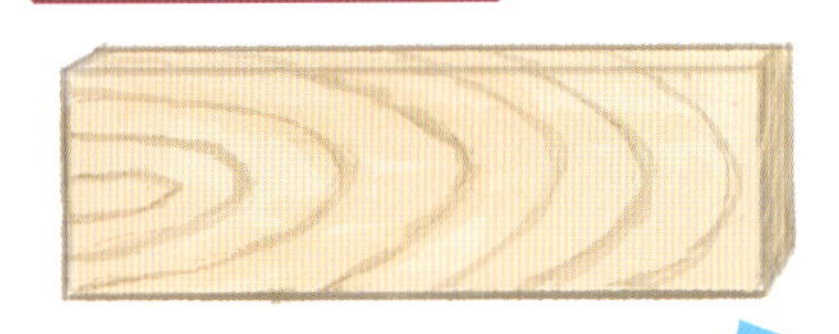

板目板

年輪の目に接する方向に切断した板のことです。板の模様は年輪が、山形やうず巻き状になるのが特徴です。

辺材

白太ともよばれる、心材の外側の色がうすい白っぽい部分です。

髄

木の中心の細くやわらかい部分で樹心ともいいます。

心材

丸太の中心部のこい色の部分で、赤いので赤身ともよばれます。

樹皮

まわりをおおうようにつくられる外側の層です。

柾目板

年輪が直線で、しま模様に見える板です。板目板にくらべ反りにくく、ちぢみに強く、年輪に対し直角に切り出します。

こば

木の繊維の方向に水平に切った切断面をいいます。

こぐち

木の繊維の方向に直角に切った切断面をいいます。

心材と辺材

木の年輪を見ると、赤っぽい心材の部分と白っぽい辺材の部分に分かれています。心材は、細胞の生育活動が停止しています。そのまわりの辺材は生育活動を続けていて、水分が多く、色の白さや美しさを生かして使われます。

木はちぢむ

木は水分を吸うとふくらみ、反対に乾燥するとちぢみます。また、木表や木裏とよばれる木の部位により反り返ることがあります。板目板は乾燥すると木表の側に反りやすく、柾目板は、反りにくいのです。

繊維の方向と強さ

木の細胞が縦にならんだ方向を、繊維方向といいます。細長い細胞が縦にならんでいるため、方向で強度がちがいます。繊維方向に引っぱるととても強いのですが、直角方向では、繊維方向にくらべ、強度が10分の1くらいしかありません。

木表と木裏

樹皮に近い方を木表、幹の中心に近い方を木裏とよびます。木表の方がなめらかで模様が美しいので、ふつう木表が見えるように利用します。

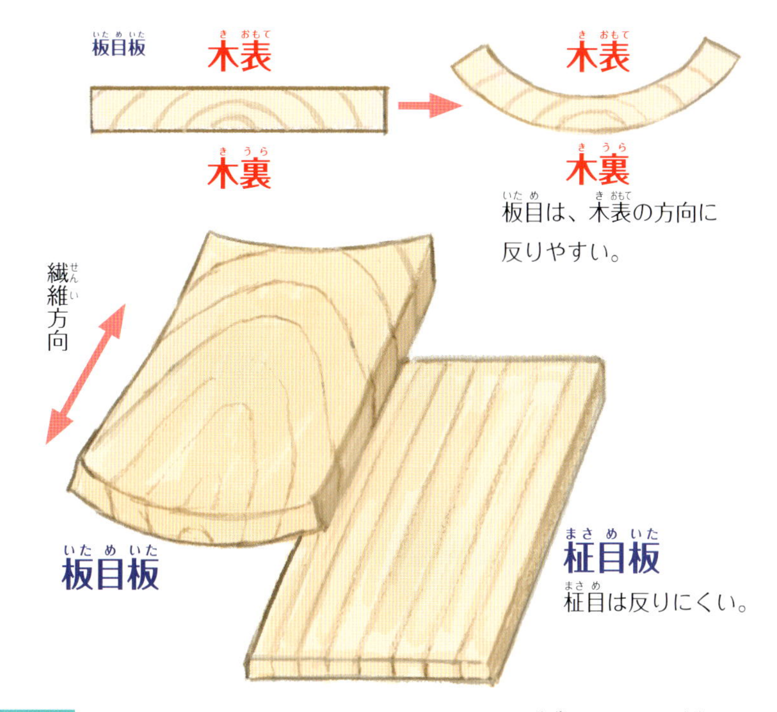

板目は、木表の方向に反りやすい。

柾目は反りにくい。

くらしに生かされる木

木は切ったり、けずったり加工しやすい素材です。その割には軽く強く、長年使っても品質は変わりにくいといわれます。

強く軽い、製品の質を保てる

建物などをつくるとき、できるだけ強く、力にたえられる材料が必要です。木は引っぱりや圧縮、曲げに対する強さは鉄やコンクリートより強いのです。数百年たった建物が今でも、残っています。

加工しやすく、熱を伝えにくい

適度にやわらかいので、鉄や石とちがい、ぬくもりがあります。また金属とちがい熱が伝わりにくいので、持ち手などに最適です。

弾力性があり、ショックをやわらげる

木は、適度に弾力性があるので、屋内の床の材料などに使うとコンクリートなどとちがい、衝撃を吸収する特性があり、歩行や運動のショックをやわらげてくれます。

湿度の調整や殺菌作用

木は、梅雨どきなどは湿気を吸収し、空気が乾燥しているときは水分をはき出して空気中の湿度を調整します。また、ヒノキなどは抗菌、殺菌作用が高いといわれます。

いろいろな日本の木

日本は森が多く、わたしたちが使っている木にはよく知られているスギやヒノキのほかにも、たくさんの種類があります。それぞれの木目の色や模様、強度やかたさ、においも異なります。代表的な日本の木を見ていきましょう。

針葉樹

スギ

日本の針葉樹の代表で、成長が早く、軽くやわらかく加工しやすい木です。柱や天井などの建築材や、たるや、おけなど広く使われます。秋田、天竜、吉野、屋久などが有名です。

ヒノキ

香りがよく、光たくがあり、かたさが適度でわん曲も少なく、耐水性にすぐれています。奈良県の法隆寺や東大寺もヒノキを使って建てられています。

サワラ

水や湿気にとても強く、やわらかいのが特徴です。水おけ、風呂おけなどに使われます。さわやかな香りをもち、おもに関東北部から中部地方にかけて生育します。

アカマツ

世界には 100 種類近くのマツがあります。日本ではアカマツ、クロマツがよく知られています。昔から梁などの建築材に使われています。高さは 30 ～ 40m ぐらいになります。

イチイ

比較的かたく色合いも美しい木です。古くから、硯箱、木彫りや工芸品などに使われてきました。

モミ

色が白く、木のにおいがしないので、ごはんを入れるおひつやかまぼこ板や茶箱など食品関係の容器に多く使われます。青森をのぞく本州、四国、九州の山地に分布します。

広葉樹

ケヤキ

日本の広葉樹の代表格です。建築材や和風家具の材料に使われます。重くてかたい材質ですが、木彫りにも向きます。

クリ

すぐれた耐久性があり、縄文時代から利用されている木です。建築物の土台などに使われていました。重くかたい材質ですが、工芸品にも使われます。

ミズナラ

日本の陽あたりのよい山地に分布します。木目も美しく、ほどよくかたく洋風家具の材料によく使われます。日本ではナラといえばほとんどミズナラのことです。

トチノキ

材質はやわらかく、木肌はなめらかで光たくがあります。工芸品や漆器などに向いています。種子は縄文時代には貴重な食料でした。今でも、トチもちは、郷土の味として親しまれています。

ブナ

北海道南西部から九州まで広く分布します。木肌がなめらかで家具などに使われます。腐りやすく保存性が低いといわれますが、ブナ林は土砂崩れを防ぐなど環境面から見直されています。

キリ

軽く、やわらかく、見た目も美しく、箏や琵琶などの楽器、家具など広く使われています。中国原産ですが日本各地に分布しています。

針葉樹と広葉樹

針葉樹と広葉樹は一般には「葉」のちがいで見分けられます。針葉樹は大半が針状の葉をもち、広葉樹は平たく広い葉が特徴です。また分布している地域もちがい、針葉樹は平地では温帯から冷帯地域などに分布し、山などでは標高の高い方に分布します。広葉樹は平地では温帯から熱帯にかけて広く分布し、標高の低いところに分布します。

世界で針葉樹は600種ほどですが、広葉樹は20万種類、日本産だけでも約1100種はあるといわれ、それぞれいろいろな性質をもっています。

日本では、針葉樹の代表はマツやスギ、広葉樹はケヤキやブナが有名です。

スギの葉（針葉樹）

ケヤキの葉（広葉樹）

木でつくられるもの

いろいろな木の道具

わたしたちのふだんの生活には、木でできたものがたくさんあります。昔からのもの、新しいもの、身のまわりのもの、いろいろ見ていきましょう。

くらしの道具

木目の美しさを生かした、くらしの道具です。香りもよく、ヒノキ、ヒバ、サワラなどは、抗菌、防虫などの効果もあります。

飯台
酢めしなどををつくるのに、江戸時代から使われてきました。サワラが使われています。

湯おけ
今はプラスチックや金属製のものが多いけれど、入浴や洗面用の湯おけは、昔は木でした。

時計
木製の柱時計、おもにセンの木などが使われます。

おひつ
炊き上がったごはんを移し、おいしく保存します。

おわん
みそ汁などを入れるケヤキのおわんです。

カップとコースター
スギの木目を生かしたカップとコースターです。

おもちゃ

木を手や指で感じることは自然を感じることです。木の肌ざわりやぬくもりを生かしたおもちゃです。

積み木
ナラ、ヒノキ、トチ、ホオ、カエデなど色やぬくもりが感じられる約 12 種類の木の材料が使われています。

木馬
木の乗り物の木馬です。これはブナの木でつくられています。

ミニカー
トチ、カエデなどでつくられているミニカーのおもちゃです。

家具

長い期間をかけて育てた自然の木を使い、職人の木工技術を生かしてつくられます。長く使用される家具です。

テーブルといす
ナラの木を使ったぬくもりのあるテーブルとイスです。

いす
ナラの木でつくった、美しい形のイスです。

チェスト
衣類や小物もたくさん入る、ナラの木でつくったシンプルな収納箱です。

楽器

木は見た目が美しく、音もよく響かせるので、楽器にも使われます。

グランドピアノ
ピアノの音を豊かな響きに変える響板にはマツ科の木が使われます。

アコースティックギター
表板には、音の響きのよいマツ科の木がよく使われます。

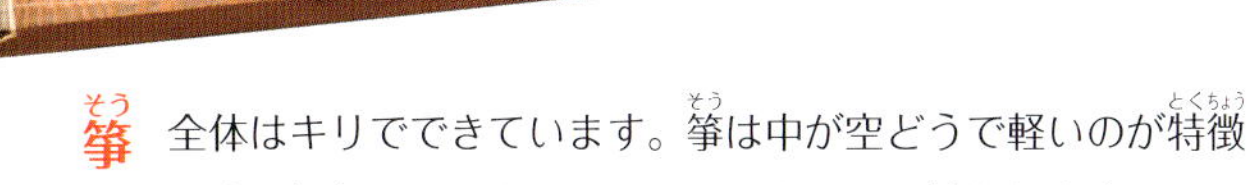

箏
全体はキリでできています。箏は中が空どうで軽いのが特徴です。細部にはコウキ、シタン、カリンも使われます。

太鼓
太鼓の胴はケヤキが主流です。トチやクリなども使います。

木琴
おもに、カリンなどマメ科の木が使われます。

屋外遊具

流木わたり

ロープでぶら下がった丸太の上を移動して遊びます。材料はスギです。

山ごえ

丸太をつかんで山を乗りこえて遊びます。スギでつくられています。

橋

錦帯橋（山口県）

日本を代表する木造の橋で、1673（延宝元）年に完成しました。マツ、ヒノキ、ケヤキなど6種類の木を使っています。補修やかけかえなど何度もおこなわれました。台風による流失などもありましたが、改良されてもとの美しい姿をとりもどしています。

鶴の舞橋（青森県）

青森県産のヒバを使い、丸太3000本、板材300枚でつくられています。全長300mの日本で一番長い三連太鼓橋です。

学校

木造の小学校校舎（秋田県）

玄関をはじめ教室、体育館や、机も地元のスギを使っています。木のぬくもりや、やすらぎのある環境を目的にした校舎です。

家

木造の家（奈良県）

吉野スギをふんだんに使った木造の住宅です。木の肌ざわりや香りを感じる、ぬくもりのある家です。

木の新しい用途

木は、建物や家具、生活用品などいろいろなものや、燃料などにも使われてきました。さらに、近年新しい用途がでてきて、可能性がより広がっています。

ヒーリングとアロマテラピー

木には香りで人の気持ちをリラックスさせ、いやすアロマテラピー効果があるといわれます。また木は見た目も優しく、心を落ち着かせるヒーリング効果などもあります。

ヒーリングアニマル（動物のくちばしやおなかでツボがおせます。）

ヒノキのアロマオイル

木の自動車

人間が実際に使う自動車を「木」を用いてつくろうという新しい木の活用方法です。車の外板やフレームに木が使われています。ボディには86枚のパネルを使い、修理のときは全体ではなく、必要な1枚だけの交換もできます。木の接合には日本古来の伝統技法が使われています。

コンセプトカー「SETSUNA」

木質バイオマス

山や森で、木の伐採や製材のときに発生する枝や葉や間伐材、製材工場などから出る樹皮やノコくず、住宅の解体などで出る廃材などを利用して再生可能なエネルギーに変えることを木質バイオマスといいます。これらの材料を加工してつくった、チップやペレット（木くずやおがくずを固めたもの）を燃料として使い、発電などに利用します。これを木質バイオマス発電といいます。当然、燃料が燃えるときに二酸化炭素を発生しますが、植林した木が空気中の二酸化炭素を使うので、二酸化炭素は増えすぎず、循環することになります。地球温暖化や廃棄物の問題、環境面から循環型の木の活用として注目されています。

炭をよく知ろう

炭は燃料として古くから利用され、日本人のくらしと文化に深く関わってきました。炭はどのようにつくられ、どのように役に立つのか見ていきましょう。

炭って何？

木は燃やすとまわりの酸素と結合して二酸化炭素を出しますが、酸素をふさいだ状態で蒸し焼きして加熱すると炭素分が残り、炭化した固形物になります。これが炭（木炭）です。炭は製法のちがいで、やわらかく火つきがよい黒炭と、かたく焼きしめられて、火もちのよい白炭に分けられます。原料にはナラ、クヌギ、カシなどが使われます。

焼き物の料理に使われる炭

黒炭（くろずみ・コクタン）

炭の表面に樹皮が残っていて、やわらかく火つきのよいのが特徴です。窯の中で 400 ～ 700 度くらいに熱して炭化させてつくります。

白炭（しろずみ・ハクタン）

表面に樹皮はないか、きわめて少なく、かたく、火もちがよいのが特徴です。窯からかき出すとき、窯の中の温度は 1000 度くらいになっています。灰をかけて消すため表面が白く白炭といわれます。備長炭は白炭のなかまです。

炭づくりの方法

炭は炭窯でつくります。炭焼きの方法は、炭の原木を窯に入れ、しあげのとき窯口や煙突をふさぎ、空気が窯に入るのを完全にふさぎ消火する方法（黒炭）と、まっ赤な炭を窯の外にかき出し、（素灰）という灰をかけて消火する方法（白炭）があります。下図は白炭のつくり方をかんたんに説明したものです。

1 炭材づめ

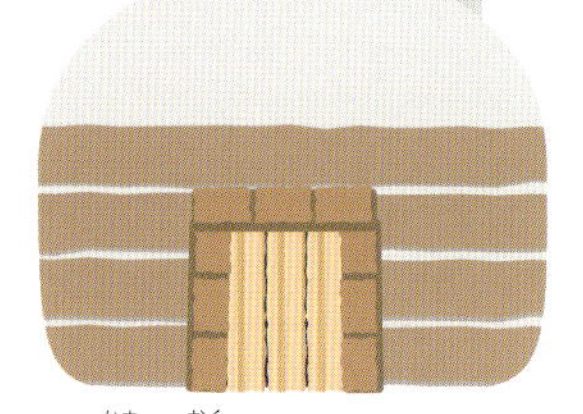

原木を窯の奥から１本ずつ、ていねいにすき間なく立てて入れます。

2 口焚き

焚き口で雑木などを燃やし、窯の中の原木を乾燥させ着火させます。はじめは煙突から水分をふくむ煙が出ます。

3 炭化

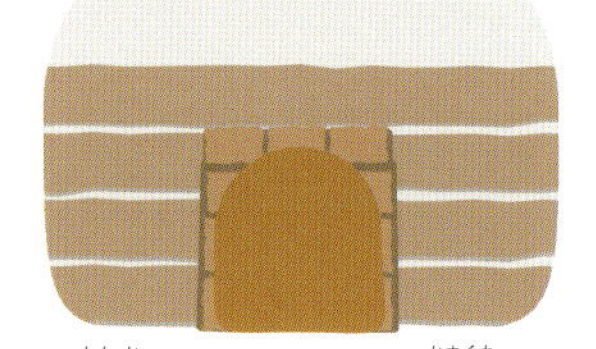

着火した原木の炭化がはじまります。窯口を小さくして空気が入るのを少なくして蒸し焼きにします。水分がなくなると、全体に火がつき煙の色も青と白のまざった色に変わります。

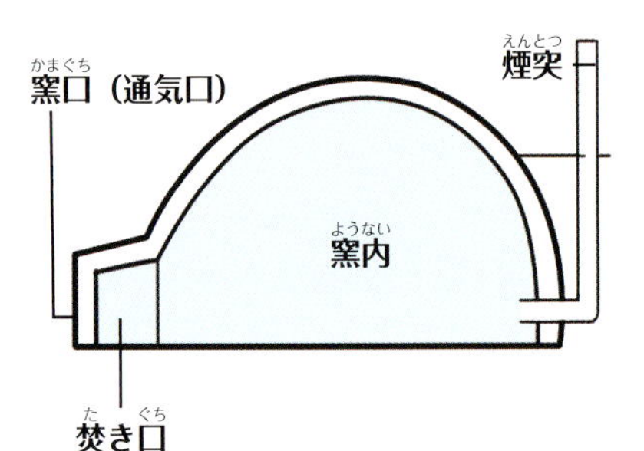

4 精煉（ねらし）

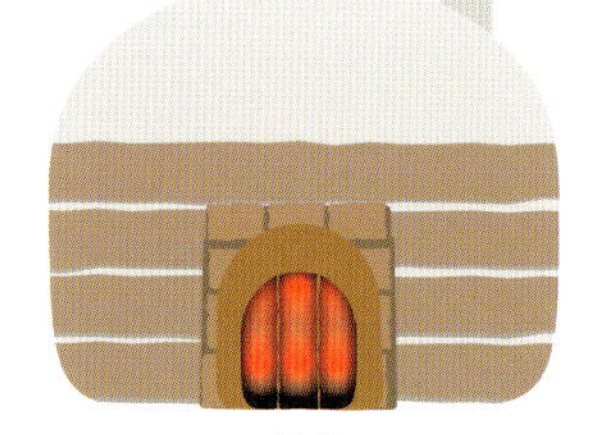

炭化の終わりごろ、窯口を広げ空気を入れると炭がどんどんまっ赤になります。この精煉のしかたで炭のできあがりが左右されます。

5 窯出し（炭出し）

まっ赤な炭をていねいにかき出します。かき出した炭に灰をかけて消火します。

※ 炭焼き窯の形状や材料は、地域によって異なります。

炭の新しい使いかた

炭は、燃料用として古くから利用されてきましたが、炭のもっている特性を生かして、燃料用以外にも、さまざまな新しい用途に利用されています。新しい、炭の可能性を紹介します。

くらしの中で

飲料水をおいしく

炭がカルキ臭の原因の塩素を吸いとり、水がまろやかになります。

ごはんをおいしく炊く

水の質がよくなり、ふっくらとおいしくなります。

消臭として利用

炭に小さなあなが、たくさんあいています。このあながにおいを吸いとります。

木酢液を活用

炭をつくるときに出る煙の成分を冷やしてつくる水溶液です。主成分の酢酸が土の改良や植物の活性、病虫害対策などに役立ちます。農業や園芸用の資材として活躍します。

住宅の床下に

床下に炭をしくことで、湿度の調整やカビを生えにくくします。

水をきれいに

湖沼や池、浄化槽の環境保全に活用します。水の表面などに発生するアオコなど、植物性プランクトンの藻による環境悪化を改善します。炭の循環浄化システムの設置で、炭の表面にできる微生物の膜が水中の有機物を分解し、きれいにします。

水面のアオコ（植物性プランクトンの藻）

改善された水面（浄化システム設置後１年）

炭焼き体験

愛媛県伊予郡砥部町
（山村留学センター）

町のクヌギの木を使った炭焼き体験です。地元の大人に、窯に入る長さに切ってもらった原木を使います。原木は、小型トラック５台分でしたが、炭になると、あれだけあったのに１台分で積めました。

炭焼き窯を前に、炭焼き体験に参加する子どもたち。

顔をまっ黒にして炭を窯から出します。

できあがった炭を運びます。

植樹体験レポート

※ 噴火が起きてできた砂地の砂は、公園などにある砂とはちがい、粒の大きなものです。

緑を増やす植樹を体験できるイベントが日本各地でおこなわれています。ここではNPO法人富士山ナショナル・トラストさんによる富士山での植樹活動の様子を紹介します。

スタート

1 木を植える理由を知る

植樹の理由は地域や目的によりさまざまです。ここでは、まず植える苗木を育てている場所での活動前に、「なぜ富士山に木を植えるのか」という理由を知ってもらうことからはじまります。

富士山の植樹の意味

1707（宝永4）年に富士山の東南でおこった噴火でできたのが宝永山です。緑地が灰でおおわれ、300年以上たった今でも砂地が広く残っています。植物の生えない砂地はなだれが起きやすく、その度に山をけずっていきます。そのため、本来の森林限界（高木が育たなくなる限界の高さ）まで少しずつ植樹することで、山崩れを防ぎ、美しい富士山の姿を守ろうとしているのです。

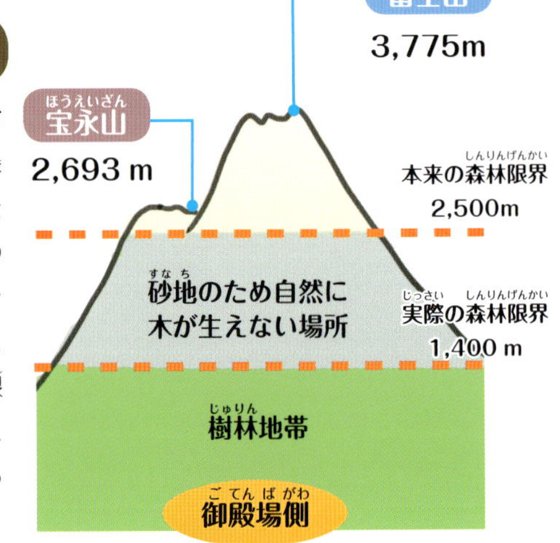

2 4つの班に分かれて準備作業

A班 苗木の手入れ

富士山に生えている木からとった種から育てた苗木や、富士山の道に自然に芽を出した苗木のポットの手入れです。ポットをもんで土をやわらかくして、雑草をぬきます。苗木に栄養をしっかり行きわたらせるための作業です。

B班 さし木の苗をポットに植える

富士山に生えている木の枝を土にさす「さし木」という方法でも苗を育てます。さし木は2年目、種からの苗は5～6年目で植樹します。

C班 植樹に使うチップの袋づめ

木の枝などを細かくくだいてチップにしたものは、富士山の砂地の植樹にはかかせません。このあと、富士山に持っていくために持ちやすいように袋に入れます。

チップの中にカブトムシのサナギを発見！

❸ 富士山で木を植える

目的地へ移動

車から降りて向かう集合場所への道のり数百メートルには雑木林が続きます。これは団体が 20 年かけて育てた緑地です。奥に見える灰色の部分はこれから何年もかけて植樹していく砂地です。

ポットを運ぶ

この日は参加者約 50 名で、植える木は 200 本です。苗木をみんなで運び、植える位置においていきます。1 年前に間を置いて植えた場所で、その間をうめるように植えていく予定です。

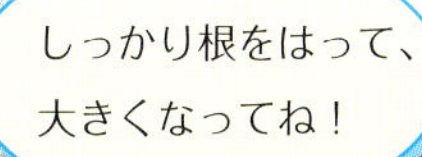

記念写真

植えた木の前で記念写真をとるのもたいせつです。次回参加するときにどんな姿になっているのか見るのが楽しみになります。

木を植える

ポットを置いた場所に各自、木を植えていきます。①スコップで 30cm ほどの穴をあける（砂地は崩れやすいので大変です）→②ポットをもんでから土が崩れないように苗を出して穴に置く→③ほった砂を途中までかぶせて足でふみかためる→④チップをたっぷりかける→⑤チップが飛ばないように砂をかぶせる→⑥あまった砂は平らにならす、という手順をくり返します。チップは水分を保ったり、肥料になったり、夏場の温度調整をしたりといろいろな役にたちます。

D班 かたづけや昼食の用意

ポットをならべたり、水やりをしたり、道具をかたづけたりするほか、昼食で使う道具をつくります。この日は流しそうめんのため、竹の節をけずって、そうめんを流しやすくします。

おまけ

昼食で自然を楽しむ

竹を使うのも山を守ること

団体が管理する竹林で切り出した竹を活用して流しそうめんの昼食を楽しみました。竹は毎年たくさん生えるため、ほうっておくと混みすぎて栄養がいきわたらなくなり、全体が枯れてしまうことになります。竹を切って利用することも山を守ることにつながります。

自然のめぐみを食べる

自然の植物を食べる機会にもなります。写真のシロツメクサのほか、カキの葉やユキノシタなどの天ぷらを味わいました。

もっと木づくりを知ろう

人々と木のくらし

木は、人々のくらしに大きな役割をはたしました。生活道具や住居、物を運ぶ道具、祈りの対象などにもなりました。

縄文時代のくらし

縄文時代は木を切りたおして、竪穴式住居の骨組みにしたり、木をくりぬいて丸木舟をつくったりしました。木でつくったおわん、木の皮を細くさいて編んだかご、木の柄をつけた道具などもありました。

古墳と木のソリ

古墳時代、大きな墓である古墳をつくるには、大きな石が必要でした。それらの巨石を運ぶために、木のソリのような道具があったようです。Vの字のように、二股にわかれた形で、船の先のように前方にむけ、石を乗せてロープで引いたようです。木製でカシや、クヌギなどでつくられ、大きいものは全長8.8m、幅1.9mもあったようです。

木の職人と江戸時代

江戸時代は幕府により、各地に植樹や造林による、森林の保全が進みました。当時、鉄やガラスもありましたが高価でしたので、障子、下駄などの日用品をはじめ、木を組み合わせてつくった家具など、いろいろな生活道具がたくさんつくられていきます。とくにくぎなどを使わずつくるものを「指物」とよびました。おけやたるなども指物です。絵は大きなおけの中で木をけずる、おけ職人の姿が描かれています。これらの浮世絵の版木も木でつくられています。

「富嶽三十六景　尾州不二見原」　葛飾北斎　画
（山梨県立博物館所蔵）

木造の社寺

日本の建物は縄文時代からはじまり近代まで、ほとんどが木造でした。古くは飛鳥時代から奈良時代にかけてつくられた寺院なども残っています。法隆寺、興福寺、薬師寺、唐招提寺、東大寺などの大きな寺も、木造です。それらは、信仰の広がりとともに神社、寺院とも日本全国に建てられました。

写真の国宝瑠璃光寺の五重塔の屋根には桧皮葺という、ヒノキの皮を材料にタケくぎを使って打ちとめていく屋根建築の工法でつくられました。

国宝瑠璃光寺五重塔（山口県）

木彫仏

現在日本に残っている仏像の９割は木を彫刻したものです。これは、木が手に入りやすいこともあったようですが、木目の美しさ、大木から生まれる荘厳さ、木への信仰なども理由のようです。素材は７世紀はヒノキ、８世紀は銅像や粘土の塑像が多くなり、平安時代にふたたび木彫仏が増え、カヤなどの素材が使われました。写真は、カツラを用い、台座までも一つの木からつくられた、鎌倉時代の木彫仏です。

都々古別神社十一面観音像（福島県）

木と祭り

日本には、木を神木とした木の祭りが各地にあります。その一部を紹介します。

諏訪大社・御柱祭（長野県）

御柱祭の神事を司る諏訪大社のご祭神の建御名方神と八坂刀売神は、風・水の守護神で、五穀豊穣や武勇を祈る神です。御柱祭の起源は諸説あり、縄文時代の巨木信仰からともいわれています。山中から御柱としてモミの木を 16 本切り出し、４つの宮の境内に曳き、建てられます。「山出し」が４月、「里曳き」が５月におこなわれます。7年に１度おこなわれる、木を運ぶ際に木を坂から落とす木落しの勇壮さが特徴の木祭りです。

©諏訪地方観光連盟

諏訪大社　上社本宮 幣拝殿

上社里曳き建御柱

伊太祁曽神社・木祭り（和歌山県）

この神社には、日本中に木を植えてまわったと『日本書紀』に記されている、木の神様の五十猛命が祀られています。日ごろの木々の恩恵に感謝こめて、毎年４月の第１日曜日に「木祭り」が開催されます。全国の木材関係者も集まり、チェーンソーカービング（彫刻）の奉納などもとりおこなわれます。

伊太祁曽神社　本殿

チェーンソーカービングの実演奉納

日本のおもな木の産地

日本には自然に育まれたよい木の産地がたくさんあります

日本は約70%が森林という木々の豊かな国です。材木として利用する木を育てる「人工林（育成林）」と、自然に育った「天然林」があります。森林の約40%は人工林、天然林は50%で残りは木のまばらな無立木地や竹林です。人工林のほとんどは針葉樹で、人の手で植え、その土地の気候や土壌に合わせて、全国各地で育てられています。おもな林業地を見ていきましょう。スギだけでも北山スギ、屋久スギなど全国62か所の産地があり、ヒノキ、ヒバも北海道、本州、四国、九州などに大小の産地がたくさんあります。

秋田スギ

江戸時代より秋田県は天然スギの産地として知られ、佐竹藩の重要な財源として、江戸や大坂に送られていました。年輪の幅が細く、きめが細かく、美しいのが特徴です。（秋田県）

青森ヒバ

青森県の代表的な天然の木です。ヒノキよりややかたく、岩手県の中尊寺金色堂にも使われています。色や木目が美しいだけでなく、きめ細かく強い材質です。（青森県）

木曽ヒノキ

木曽ヒノキは天然のヒノキのことです。300年以上のヒノキ林が維持、育成されてきました。江戸時代には城や武家屋敷、造船などに大量に使われました。（長野県）

吉野スギ

吉野は日本ではじめて植林がおこなわれたところです。奈良県の川上村を中心とした「吉野スギ」の林業地は500年もの歴史があります。（奈良県）

天竜スギ

明治時代、天竜川の治水のため、スギを中心とした植林がおこなわれました。ツヤのある良質なスギとして有名です。（静岡県）

尾鷲ヒノキ

ゆっくりと年月と時間をかけて生育した「尾鷲ヒノキ」は年輪が細く、光たくと強度のある材木になります。（三重県）

飫肥スギ

1623（元和9）年、飫肥藩の財政を助けるため、スギを植えたのがはじまりです。油分が多く、くさりにくいので船の材料として活用されてきました。（宮崎県）

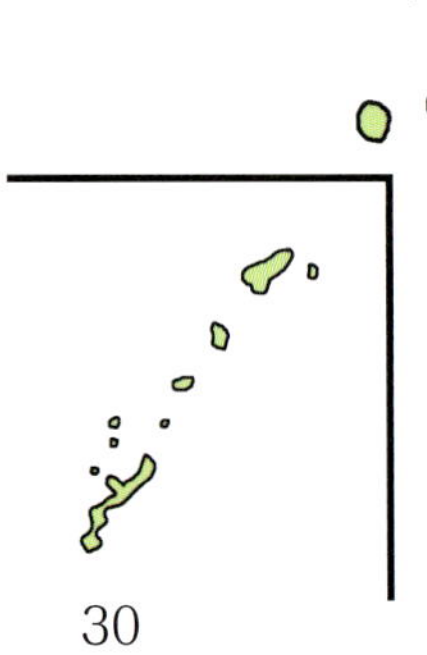

三大美林とは

日本中で、もっとも美しいとされている林です。天然の三大美林は青森県の**青森ヒバ**、秋田県の**秋田スギ**、長野県の**木曽ヒノキ**、人工の三大美林は奈良県の**吉野スギ**、静岡県の**天竜スギ**、三重県の**尾鷲ヒノキ**の3つです。どこも良質の材木がとれます。

木・森の仕事をするには

日本では、昔から山をたいせつに守りながら木を活用してきました。木や森を育てたり、材木にしたりする仕事をするにはどんな方法があるのでしょうか。

日本の文化をつぐ心

木・森の仕事、林業は自然を相手にする仕事です。ひとことでいえば、森が健全に育つように維持管理し、木を収穫する仕事です。

これらの仕事をするには、おもに3つの方法があります。第1は森林組合の現場職員になることです。2014（平成26）年の調べでは、日本各地に638組合ほどありました。第2は民間の林業会社に入ることです。第3は林業の第3セクターの職員になることです。全国にある都道府県林業労働力確保支援センターに相談してみる方法もあります。

仕事としては、森に入り伐採した丸太を山から運ぶ、立木をチェーンソーで切りたおす、製材や木材加工などいろいろな作業があります。危険をともなう作業のため、労働安全衛生法の教育や技能講習を受けるとよいでしょう。そのほか林野庁や各自治体などで森林を育てる計画、森林管理、保護、研究などの仕事もあります。いずれにしても、山や緑を愛し、森林の保護や木を有効に活用することに使命感をもつことがたいせつです。

木をつるして運ぶ架線作業

「かっこいい」から林業へ

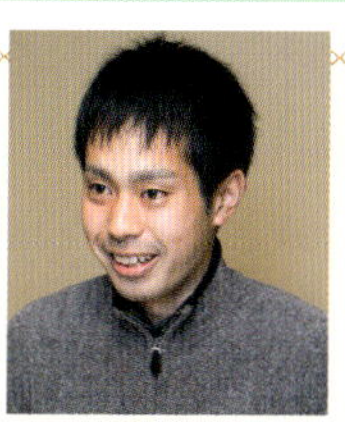

仙田武史さん
カクキチ木材商店
集材機　架線集材班

奈良県の吉野で林業の仕事をしはじめてから、約2年目になります。林業との出会いは高校生のときです。山や森林の手入れをする体験講習に1週間参加したときに、地元の方々の山に関する奥深い知恵などを見聞きし、山に生きる人たちのかっこよさを感じ、林業に興味をもちました。高校卒業後、岐阜県立森林文化アカデミーに入り、林業の知識や技を学びました。そして日本の林業の発祥地として長い歴史をもつ吉野で働きたいと思い、学校の先輩の紹介で今の会社に入ったのです。

自分がおこなっているのは架線作業というものです。林業地の空中に上から林道までワイヤーを通し、その線を利用して木を道まで下ろします。木は1本1本ちがうものですから、その特徴を見極めながら、切り方や運び方など、柔軟に対応することが必要です。習得するには経験を積むしかなく、これはむずかしさでもあり、やりがいでもあります。

木は育てるのに何十年もかかるので、何世代にもわたり、つながっていくのが林業です。自分の仕事が子どもへ孫へとつながっていく……、想像したらおもしろくありませんか？　これからも日本で林業が続くよう、その一端をになっていることに誇りを感じながら仕事をしていきます。

木と日本文化

日本は、木とともに生き、木を利用してきた長い歴史と文化をもっています。

古くは縄文時代のころから木を上手に利用してきました。それは日本各地で掘り出される遺跡でわかっています。いろいろなくらしの道具として、ヤブツバキ、トチノキ、ヒノキ、クリなどが発掘されています。縄文時代、弥生時代から古代、中世、近世、近代と今日にいたるまで、木はわたしたちのくらしに深くかかわってきました。

住む家、生活道具、工芸品などは、それぞれの各時代の生活文化や生活様式に合わせながら活用してきました。飛鳥時代から奈良時代につくられた大きな社寺の木造建築をはじめ、それ以降の城や民家などは木の加工技術の進歩と変遷の歴史といえましょう。

一方、人口が増えて木の需要も高まり森の荒廃も進んだので、植林なども室町時代ごろからおこなわれてきました。江戸時代には植樹、造林も計画的に手がけられました。

現代は鉄やコンクリート、プラスチック、セラミックなどの素材が使われますが、木は今なお、建築・土木をはじめ、紙、家具などさまざまな分野で使われ木の新しい用途も見直されています。

木は切られたとき第一の命を終えますが、建物やものに使われたとき第二の命を得て、何百年も長い歳月を生き続ける力をもっています。

わたしたちは、この「木の文化」をきちんと受けついでいくことがたいせつです。

著者…和の技術を知る会
撮影…イシワタフミアキ
装丁・デザイン…ＤＯＭＤＯＭ
イラスト…坂本真美（ＤＯＭＤＯＭ）
編集協力…山田　桂、山本富洋

■撮影・取材協力
（一社）吉野かわかみ社中　http://yoshinoringyo.jp/
（株）岡仁
川上産吉野材販売促進協同組合「川上さぷり」
http://yoshinoringyo.jp/suppli/
（一社）全国燃料協会　http://zen-nen.or.jp
東京燃料林産（株）　http://www.tohnen.co.jp/
（有）和田企画 バードランド
NPO法人富士山ナショナル・トラスト
コニカミノルタ労働組合

■参考資料
『平成19年特別展図録　木を育て、山に生きる　－吉野・山林利用の民俗誌－』奈良県立民俗博物館編／奈良県立民俗博物館 2007
『図解　木と木材がわかる本　Visual engineering』岩本恵三著／日本実業出版社 2008
『日本の農林水産業　林業』小泉光久編著／鈴木出版 2011
『木の図鑑　絵本図鑑シリーズ』長谷川哲雄作／岩崎書店 1999
『木と日本人のくらし』日本木材学会編／講談社 1985
『山と木と日本人　林業事始　朝日選書』筒井迪夫著／朝日新聞社 1982
『日本の林業1～4』白石則彦監、MORIMORIネットワーク編／岩崎書店 2008

■写真・図版・資料協力
＜カバー・表紙＞
一枚板：匠館 La Chaise、錦帯橋：山口観光フォトライブラリー、ブナ：千葉県立中央博物館、植樹体験：NPO法人富士山ナショナル・トラスト／コニカミノルタ労働組合、炭：東京燃料林産（株）、ノコギリ・ヨキ・クサビ：川上村教育委員会、ミニカー：オークヴィレッジ（株）、ほか全て：（一社）吉野かわかみ社中

P1～3＜本扉／はじめに／もくじ＞
木馬：オークヴィレッジ（株）、炭：東京燃料林産（株）、植樹体験：NPO法人富士山ナショナル・トラスト／コニカミノルタ労働組合、ほか全て：（一社）吉野かわかみ社中

P4～7＜木の世界へようこそ＞
「森林づくりと自然とくらし」「100年の木のひみつ」：（一社）吉野かわかみ社中

P8～13＜木をつくる技を見てみよう＞
「撫育と密植・間伐のスゴ技」「伐採のスゴ技」：（一社）吉野かわかみ社中
「製材のスゴ技」：（株）岡仁／川上さぷり
「スギ皮の製材」：寅本修司

P14～15＜道具の今昔＞
伐採ー今・測る［長さ］／［周囲］ー今・運ぶー今［ヘリコプター］・木登りー作業：（一社）吉野かわかみ社中、伐採ー昔・測る［周囲］ー昔・運ぶー昔（道具のみ）・木登り（道具のみ）：川上村教育委員会、運ぶー今［架線］：カクキチ木材商店、運ぶー昔［いかだ流し］：吉野林材振興協議会

P16～19＜木の性質と種類を知ろう＞
「木の成長と年輪」材木：（一社）吉野かわかみ社中
「いろいろな日本の木」材鑑像写真：森林総合研究所、
樹木写真・「針葉樹と広葉樹」：千葉県立中央博物館／ビジオ

P20～23＜木でつくられるもの＞
「いろいろな木の道具」おひつ・飯台・湯おけ：（有）岡田製樽、カップとコースター・・家：（一社）吉野かわかみ社中、時計・おわん・木馬・積み木・ミニカー・テーブルといす・いす・チェスト：オークヴィレッジ（株）、ギター・グランドピアノ・木琴：ヤマハ（株）、箏：國井琴製作所、太鼓：（株）宮本卯之助商店、屋外遊具：（株）ザイエンス、錦帯橋：山口観光フォトライブラリー、鶴の舞橋：（公社）青森観光連盟、学校：能代市教育委員会／能代市立浅内小学校
「木の新しい用途」ヒーリングアニマル：（株）インスピリット・YUIRO、アロマオイル：オークヴィレッジ（株）、木の自動車「SETSUNA」：トヨタ自動車株式会社

P24～25＜炭をよく知ろう＞
焼き物に使われる炭：（有）和田企画 バードランド、黒炭・白炭・消臭として利用・木酢液を活用：東京燃料林産（株）、飲料水をおいしく・ごはんをおいしく炊く・水をきれいに：（一社）全国燃料協会、炭焼き体験：砥部山村留学センター

P26～27＜植樹体験レポート＞
NPO法人富士山ナショナル・トラスト／コニカミノルタ労働組合

P28～31＜もっと木づくりを知ろう＞
「人々と木のくらし」『冨嶽三十六景　尾州不二見原』葛飾北斎：山梨県立博物館所蔵、国宝瑠璃光寺五重塔：瑠璃光寺／（一財）山口観光コンベンション協会、都々古別神社十一面観音像：都々古別神社、諏訪大社・御柱祭：諏訪大社／御柱情報センター撮影／諏訪地方観光連盟、伊太祁曽神社・木祭り：伊太祁曽神社
「日本のおもな木の産地」尾鷲ヒノキ：森林組合おわせ／速水林業、ほか全て：林野庁
「木・森の仕事をするには」：カクキチ木材商店
「木と日本文化」：（一社）吉野かわかみ社中

（敬称略）

子どもに伝えたい和の技術８　木づくり
2017年9月　初版第1刷発行　　2022年3月　第2刷発行

著 …………………… 和の技術を知る会
発行者 …………… 水谷泰三
発行所 …………… 株式会社文溪堂　〒112-8635　東京都文京区大塚3-16-12
TEL：編集 03-5976-1511
営業 03-5976-1515
ホームページ：http://www.bunkei.co.jp
印刷・製本 ……… 図書印刷株式会社
ISBN978-4-7999-0217-2/NDC508/32P/294㎜×215㎜